와인을 처음 시작하는 사람들을 위한
와인 기초 강의

초판 발행 2012년 06월 30일
2 쇄 발행 2012년 12월 31일
3 쇄 발행 2013년 07월 29일
4 쇄 발행 2014년 04월 28일
5 쇄 발행 2014년 12월 22일
6 쇄 발행 2015년 12월 14일
7 쇄 발행 2017년 03월 06일

STAFF

author 신규영

main director 안창현

director design Micky Ahn

main design 장민서

editor 표수재

ISBN 978-89-94178-47-9   03590

펴낸이 안창현
펴낸곳 코드미디어
등록 2001년 3월 7일   등록번호 제 25100-2001-5호
주소 서울시 은평구 갈현1동 419-19 1층
전화 02-6326-1402 팩스 02-388-1302
전자우편 codmedia@codmedia.com

정가 12,000원

초보자를 위한 와인의 이해

Wine
for
Beginners

Wine
for
Beginners

저자의 말

마음을 움직이는
와인 한 잔의 감동!

지난 9년 간 800회가 넘는 와인강의를 하면서 깨달은 것이 하나 있습니다.
여전히 많은 사람들이 와인을 어렵게 느낀다는 것입니다. 와인을 배우고
싶으나 시간도 부족하고 기대보다 비싼 와인강의 수강료 때문에 와인
배우기를 포기한 사람도 보았습니다. 와인기초지식을 습득하지 않고 어려운
와인 책을 먼저 보고 질리신 분도 있었을 것입니다. 이런 분들을 위해 와인을
쉽고 재미있게 그리고 실용적인 내용으로 강의를 해왔습니다. 참석자들이
직접 와인을 시음하면서 강의를 통해 와인과 비즈니스에 대하여 이해하는데
도움을 드렸습니다. 그런데 1~2시간도 짬을 내기 어렵다면 이 책을
권해드리고 싶습니다.

이번 책은 좀 더 쉽고 재미있게 와인과 친구가 될 수 있도록 징검다리 역할을
해줄 것입니다. 이 책을 통해 와인과 친해진 다음에 필요하신 분들은 와인
내공이 깊은 고수에게 별도로 배우시기를 권해드립니다.
인생의 후반전, 정확한 방향을 잡아주신 하나님께 이 책을 바칩니다.

2012년 6월에 보나베띠 공덕역점에서 신규영

친구는 행운이요
와인은 축복이다!

와인을 마시면 6년은 젊어진다는 말이 있답니다. 와인 속에 함유된 다양한
성분들이 우리 몸을 지켜주기 때문인데요. 하지만 지나친 음주는 몸에 독으로
작용합니다. 알고 마시면 약이요, 모르고 마시면 독이 되는 셈이지요.
보나베띠 공덕역점 신규영 대표의 와인 책은 와인을 약으로 마실 수 있게
건강한 와인마시기의 길을 열어줄 것이라 생각합니다. 수년간의 와인
강의경력과 많은 사람이 와인과 사랑에 빠지게 해준 그의 와인 리더십이
그것을 말해 주고 있습니다.

특히 이 와인책은 누구나 쉽게 읽고 이해할 수 있다는 게 큰 장점입니다.
그의 와인 내공이 이 책 한 권에 녹아있다고 해도 과언이 아닐 것입니다.
이해가 어려울 수 있는 부분은 동영상을 통해 배울 수 있다는 것도 큰
장점입니다.

신 대표는 항상 "와인은 사랑이고 친구입니다"라는 말을 입에 달고 있습니다.
와인의 사랑과 축복을 독자분들도 함께 느끼시길 바랍니다.

보나베띠 대표이자 조동천

본문 구성

이 도서는 와인 기초 강의를 총 40개의 섹션으로 구성하여 소개하고 있습니다.
각 섹션은 간략한 요약글과 그림으로 2~4페이지로 구성하여 쉽고 재미있게
학습할 수 있습니다.

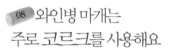

08. 와인병 마개는 주로 코르크를 사용해요

코르크 마개는 와인병 내부와 외부를 차단시키는 동시에 미세하게 공기만 유입시킵니다.
코르크 마개가 미세하여 공기만 유입시키기 때문에 와인은 병 안에서 두번째 숙성이 진행됩니다.
그래서 코르크는 숨을 쉰다고 표현합니다.

코르크 마개와 스크류 캡

코르크Cork는 식물 줄기나 뿌리의 조직으로 만들어진
것으로 온도 영향을 받지 않고 신축성이 좋으며 위생적이기
때문에 와인병 마개로 많이 사용합니다.

그러나 와인 스크류를 이용해야만 딸 수 있고
내구성이 약해 약 20년 정도까지만 사용이 가능하며
와인을 상하게 만드는 부쇼네 곰팡이에 약하다는
단점도 가지고 있습니다.

최근에는 증지가 와인을 중심으로
플라스틱으로 만든 코르크 모양의 마개와
손으로 돌려서 따는 스크류 캡도 널리 사용되고 있습니다.

◀ 스크류 캡

정보들

에서 생산했는지 표시합니다.
쇼비뇽, 샤도네이 등 어떤 포도품종으로
나타냅니다.
한 해가 언제인지 표시합니다.
랜드이름, 와인등급, 와인생산자, 병입자의 이
와 와인용량 등의 정보들이 담겨 있습니다.

지(포도수확 연도)   ❸ 브랜드 이름
장소   ❾ 알코올도수
지병   용기 내 와인용량

QR코드로 동영상 강의 보기

각 섹션에서 소개하는 내용을 동영상으로 볼 수 있는 QR코드가 있습니다. 스마트 폰을
이용하여 QR코드를 스캔하면 유튜브가 실행되면서 관련 동영상을 볼 수 있습니다.
데이터 통신료가 부과되므로 와이파이로 접속해서 실행하기를 권장합니다.

❶ 스마트 폰에서 앱 스토어, 구글 플레이를 이용하여 'daum'을 검색해서 앱을 설치합니다.

❷ [Daum] 앱을 실행한 다음 [코드] 아이콘을 누릅니다.

❸ 카메라를 사각형 영역 안에 QR코드가 들어오도록 향합니다.

❹ 초점이 맞도록 스마트 폰을 앞뒤로 움직입니다.

❺ 초점이 맞으면 찰칵 소리와 함께 해당 페이지로 이동됩니다.

QR코드 스캔은 [Daum] 이 외에 [QROO QROO] 또는 [Naver] 앱을 이용할 수 있습니다.

Wine Story 보기

본문에는 사이에는 와인에 대한 재미있는 이야기를 볼 수 있는 Wine Story 페이지를
구성했습니다. 와인에 얽힌 재미있는 에피소드를 볼 수 있습니다.

Contents

Contents

Contents

Contents

01 와인은 색으로 구분할 수 있어요

와인은 색에 따라 크게 레드, 화이트, 로제 와인으로 구분할 수 있습니다.
와인의 색을 결정짓는 요소는 포도의 껍질과 씨인데
이 요소를 어떻게 담그는가에 따라 색이 결정됩니다.

레드 와인 Red Wine

레드 와인은 자줏빛이나 검은빛을 띠는 포도를 이용하여 만들며
포도의 껍질과 씨를 포함한 과육을 함께 넣고 담그기 때문에
붉은 색을 띱니다.

레드 와인은 타닌이 포함된
포도의 껍질과 씨를 함께 숙성하기 때문에
떫은 맛이 납니다.

오래 숙성할수록 색이 엷어지고
진한 자주색에서
점차 진한 빨간색, 탁한 빨간색, 황갈색을 띠며
유리잔 가장자리가 연한 갈색일수록, 가운데부터
색의 농담 차이가 큽니다.

화이트 와인 White Wine

화이트 와인은 보통 푸른빛을 띠는 포도를 이용하여 만들며
포도의 껍질과 씨를 뺀 과육만으로 담그기 때문에
옅은 노란색을 띱니다.

화이트 와인은 껍질과 씨를 빼고 숙성하기 때문에
순하고 상큼하고 신선한 맛이 납니다.

화이트 와인을 숙성하면
처음에는 황록색에서 점차 황옥색으로 진행되지만
오래되면 주황색이나 밤색이 도는 밝은 갈색이 됩니다.
하지만 갈색으로 갈수록 산화되어 맛이 없어집니다.

로제 와인 Rose Wine

로제 와인은 프랑스어로 '붉은 빛이 감도는'의 의미를 가졌습니다.
레드 와인과 같은 포도를 이용하여 만들지만 와인을 담글 때
포도의 껍질과 씨를 포함한 과육을 넣고 담그다가
중간에 빼기 때문에 레드와 화이트의 중간색인 핑크 색을 띠며
맛은 화이트 와인과 비슷합니다.

02. 와인은 단맛에 따라 구분할 수 있어요

와인은 단맛에 따라 스위트, 드라이 와인으로 나뉩니다.
스위트 와인은 단 와인이고, 달지 않은 모든 와인을 드라이 와인이라고 합니다.
와인의 단맛은 포도품종의 영향을 받고 수확시기, 포도 경작에 필요한 날씨,
숙성 정도 등에 따라 달라질 수 있습니다.

스위트 와인 Sweet wine

스위트 와인은 단맛이 나는 와인으로 대부분의 화이트 와인과
일부 레드 와인이 스위트 와인에 속합니다.
대표적인 스위트 와인에는 아이스 와인, 귀부 와인,
레이트 하비스트 와인이 있습니다.

아이스 와인 ice wine

아이스 와인은 영하 6도 ~ 영하 7도의 언 상태의 포도를
따서 만든 와인입니다. 물이 얼은 부분을 녹이지 않고
과즙을 짜기 때문에 당도가 높은 과즙을
얻을 수 있습니다.

귀부 와인 botrytised wine

귀부 와인은 귀부병에 감염된 포도를
수확하여 만든 와인을 말합니다.
귀부병이란 포도가 익을 무렵 포도 껍질에
코트리티스 시네레아균에 의해 발생하는 곰팡이로
귀부병에 감염된 와인은
단맛이 나는 대표적인 스위트 와인으로 사용됩니다.

Vino de Hielo Stallmann-Hiestand Silvaner
Eiswein iswein은 아이스 와인을 뜻하는 독일어

레이트 하비스트 late harvest

레이트 하비스트는 말그대로 포도 수확을
늦게 하여 만든 와인을 말합니다.
포도 수확을 늦추면 포도의 당도가 높아져
단맛을 만들어 냅니다.

◀ Frontera Late Harvest

드라이 와인 Dry wine

드라이 와인은 단맛이 거의 없는 와인으로
대부분의 레드 와인과 일부 화이트 와인이
드라이 와인에 속합니다.
레드 와인은 색이 진할수록
화이트 와인은 색이 옅을수록
드라이합니다.

H&H Madeira Medium Dry Wine ▶

03 와인은 바디감에 따라 구분할 수 있어요

바디감은 와인을 마셨을 때 느껴지는 무게감을 말합니다.
바디감에 따라 풀 바디, 미디엄 바디, 라이트 바디 와인으로 구분합니다.

바디감은
와인을 입에 넣었을 때
'혀가 뻣뻣해지는 정도'의
느낌을 말합니다.
물과 우유 정도의 차이를
생각해 보면 짐작할 수 있습니다.

풀 바디 와인 Full bodied Wine

농도가 진하고 묵직하며 질감과 무게감이
느껴지는 와인입니다.
알코올도수가 높고 타닌 성분이 많을수록
무겁고 중후한 맛이 납니다.

무거움

바디감

미디엄 바디 와인 Midium bodied Wine

풀 바디 와인과 라이트 바디 와인의 중간으로
농도와 질감이 너무 진하지도 연하지도
않은 와인입니다.
초보자도 비교적 쉽게 마실 수 있습니다.

가벼움

라이트 바디 와인 Light bodied Wine

농도가 연하고 가벼우며
신선한 느낌을 주는 와인입니다.
시음을 할 때는 미디엄 바디 와인이나
풀 바디 와인보다 먼저 마시는 게
좋습니다.

04 와인은 기포에 따라 구분할 수 있어요

와인을 잔에 따랐을 때 기포가 생기는지에 따라 스파클링, 스틸 와인으로 구분됩니다.
기포가 생기면 스파클링 와인, 기포가 생기지 않으면 스틸 와인입니다.

스틸 와인 Still Wine

스틸 와인은
와인을 잔에 따랐을 때
기포가 없는 모든 와인을 말합니다.
일반적인 레드, 화이트, 로제 와인이
스틸 와인에 해당합니다.

스틸 와인과 스파클링 와인은 병 입구 모양이 달라요

스틸 와인과 스파클링 와인은 병 마개의 모양이 다르기 때문에 포장되어 있는
병 입구의 모양이 다릅니다. 그리고 병을 여는 방법도 다릅니다.

스파클링 와인 Sparkling Wine

스파클링 와인은
잔에 따랐을 때
기포가 발생하는 와인입니다.
기포는 당분과 효모를 첨가하여
병 안에서 자연적으로 2차 발효를
시켜 탄산가스를 발생시켜서
만들어 집니다.
탄산가스로 인해 와인병의 마개를
열었을 때 '펑' 소리가 납니다.

 기포가 발생하는 와인은 샴페인?

샴페인Champagne은 상파뉴의 영어 발음으로 상파뉴는 프랑스의 지역이름입니다.
그리고 프랑스 상파뉴 지역에서 만들어진 스파클링 와인만 샴페인이라고 표기합니다.
흔히 기포가 발생하는 와인을 샴페인이라고 부르는데 실제로는 프랑스 상파뉴 지역에서
만든 스파이클링 와인만 샴페인이라고 부를 수 있습니다.

05 레드 와인은 어떤 포도로 만드나요

레드 와인은 어떤 포도품종으로 만드느냐에 따라 또는 어느 지역에서 재배된 포도인지에 따라서 맛과 향이 달라지기도 합니다. 대표적인 레드 와인 포도품종에 대해서 알아보겠습니다.

까베르네 쇼비뇽 Cabernet Sauvihnon

까베르네 쇼비뇽은 세계적으로
가장 많이 재배되는 레드 와인용 포도품종입니다.
포도알이 작고 씨앗이 많으며, 껍질이 두껍고
깊고 진한 붉은 색을 띱니다. 어느 지역에서나
잘 자라며 오래 보관할 수 있는 특징을
갖고 있습니다.

메를로 Merlot

메를로는 까베르네 쇼비뇽과 함께
프랑스 보르도 지방의 대표적인 포도품종입니다.
까베르네 쇼비뇽에 비해 포도알과 송이가
더 통통하고 크며 물기가 많습니다. 껍질은 얇고
당분이 많은 게 특징입니다.

피노 누아 Pinot Noir

피노 누아는 원산지가 프랑스로 부르고뉴 지방의
대표적인 포도품종입니다. 피노는 '미세하다는 뜻으로
껍질이 얇고 포도알이 매우 촘촘히 붙어 있는
모양을 하고 있습니다. 누아는 '검다'는 뜻으로
까베르네 쇼비뇽이나 메를로보다 짙은 담홍색을 띱니다.

시라 Syrah 쉬라즈 Shiraz

시라는 한마디로 '타닌'이라고
표현할 만큼 강렬한 타닌 맛을 냅니다.
이는 껍질이 두껍기 때문에 나타나는
특징으로 보여지며 알코올 함량이
높은 편입니다. 원산지는 프랑스 론 지방인데
최근에는 호주산 쉬라즈가 더 유명한 경우도 있습니다.

산지오베제 Sangiovess

산지오베제는 이탈리아의 유명한 키안티를
만드는 주요 포도품종입니다.
키안티는 이탈리아의 대표적 와인으로
키안티에서 풍기는 쓴맛과 체리와 자두를
혼합한 과일 향을 갖고 있습니다.

말벡 Malbec

말벡은 아르헨티나의 대표적인
포도품종입니다. 까베르네 쇼비뇽, 메를로
등과 함께 블렌딩하여 색이 진하고
타닌이 많은 것이 특징입니다.
지금은 다른 여러 지역에서도 많이
재배되고 있습니다.

▲ 까베르네 쇼비뇽 포도품종

▲ 시라 포도품종

06 화이트 와인은 어떤 포도로 만드나요

화이트 와인도 레드 와인처럼 포도품종과 재배 지역에 따라 맛과 향이 달라집니다.
대표적인 화이트 와인의 포도품종에 대해서 알아보겠습니다.

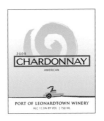

샤도네이 Chardonna

샤도네이는 대표적인 화이트 와인용 포도품종으로
상당히 드라이합니다. 원산지는 프랑스 부르고뉴
지방이지만 세계 어느 곳에서나 자라고 있습니다.
샤도네이는 대부분의 음식과 잘 어울리는 편으로
다양한 음식을 주문했을 때 무난하게 마실 수 있습니다.

쇼비뇽 블랑 Sauvignon Blanc

쇼비뇽 블랑은 샤도네이와 함께 화이트 와인의
대표적인 포도품종입니다. 쇼비뇽 블랑은 싱그럽고
톡 쏘는 스타일을 갖고 있으며 드라이하고
향기가 강한 특징이 있습니다. 원산지는
프랑스의 루와르 밸리이지만 뉴질랜드에서도
많이 재배되고 있습니다.

리슬링 Riesling

리슬링은 단맛과 신맛이 강한 포도품종으로,
드라이한 것부터 스위트한 것까지 다양한 스타일의
와인을 생산할 수 있습니다. 원산지는 프랑스 알자스
지방으로 독일, 오스트레일리아 등에서도
재배되고 있습니다.

세미용 Semillon

세미용은 프랑스 보르도 지방에서
쇼비뇽 블랑과 블랜딩하여 사용되는
포도품종입니다. 세계 와인 생산지에서
골고루 생산되며, 호주 지역에서는
드라이한 와인으로 만들어지고 있습니다.
전통 세미용은 오크 숙성을
하지 않는 것이 특징입니다.

게뷔르츠트라미너 Gewurztraminer

게뷔르츠트라미너는 포도의 껍질이
핑크 색에 가까운 포도품종입니다.
원산지는 독일이지만 프랑스의 알자스
지방이 유명합니다. 게뷔르츠는 향을 뜻하는
독일어로 'spicy(양념을 넣은, 향긋한)'의
의미를 갖고 있습니다.
게뷔르츠트라미너는 알코올도수는 높지만
부드러운 와인입니다.

▲ 샤도네이 포도품종

▲ 세미용 포도품종

Chambertin

샹베르탱

> 건승, 파이팅, 승리의 의미를 담고 있는 '샹베르탱'은 프랑스 부르고뉴 와인입니다. 샹베르탱과 관련된 일화 중 나폴레옹 이야기를 빼놓을 수 없습니다. 워털루 전쟁 때 나폴레옹이 전쟁 전날 샹베르탱을 마시지 못해서 졌다고 이야기할 만큼 나폴레옹의 샹베르탱 와인에 대한 애정은 유명합니다.
>
> 샹베르탱은 제브리 샹베르탱 마을에서 생산되는 최고급 와인입니다. 제브리 샹베르탱은 부르고뉴 최상의 포도밭이 시작되는 북쪽 마을로, 나폴레옹의 후원 아래 성장한 샹베르탱이 최고로 꼽히고 있습니다.
>
> 샹베르탱은 피노누아 포도 품종으로 보여줄 수 있는 최상의 맛을 끌어냅니다. 견고함, 남성성, 호화로움 등 피노 누아가 표현할 수 있는 화려한 맛과 향이 와인 한 잔에 담겨 있습니다.

Information

종　　　류	레드 와인
당　　　도	드라이 와인
생　산　국	프랑스 France
생　산　지	Bourgogne
품　　　종	피노 누아 100%
용　　　량	750ml
알코올도수	13%

07 블랜딩 와인이
무엇인가요

블랜딩 와인은 두 가지 이상의 와인을 혼합하여 더 맛있는 와인을 만듭니다.
블랜딩 작업 후 남은 와인은 벌크 와인과 세컨드 와인으로 만듭니다.

블랜딩이란

블랜딩Blending이란
각 와인의 특성을 살려
두 가지 이상의 와인을 혼합하여
만드는 것을 말합니다.

어떤 포도품종의 와인을
어느 정도의 비율로 섞느냐에 따라
맛과 향이 달라질 수 있습니다.
이런 과정을 통해 더 맛있고
향이 풍부한 와인을 만듭니다.

◀ Blending Wine : Cabernet, Shiraz, Malbec, Merlot

블랜딩 하는 방법

블랜딩은 다른 포도품종끼리 섞을 뿐만 아니라
포도밭이 다른 동일한 포도품종을
각각 발효시켜서 혼합하기도 합니다.
블랜딩 하는 방법은 네 가지가 있습니다.

- 두 가지 이상의 포도품종을 같은 밭에서 재배하여 같이 수확하고 한 곳에 담급니다.
- 두 가지 이상의 포도품종을 같은 밭에서 재배하여 따로 수확하고 각각 다른 곳에서 담근 뒤 섞습니다.
- 각각의 포도품종을 따로 담근 뒤 같이 숙성시킵니다.
- 각각의 포도품종을 따로 담근 뒤 각각 숙성까지 시킨 상태에서 병에 넣기 직전에 섞습니다.

벌크 와인과 세컨드 와인

블랜딩 작업 후
남은 와인을 이용하여
벌크 와인과 세컨드 와인을 만듭니다.

벌크Bulk 와인은
병에 담겨 있지 않은 와인이고

세컨드 와인은
가장 좋은 상태의 와인을
만든 후 남은 포도즙으로 다시 만든
두 번째 와인을 말합니다.

08 와인병 마개는 주로 코르크를 사용해요

코르크 마개는 와인병 내부와 외부를 차단시키는 동시에 미세하게 공기만 유입시킵니다.
코르크 마개가 미세하게 공기만 유입시키기 때문에 와인을 병에 넣은 뒤에도 숙성이 진행됩니다.
그래서 코르크는 숨을 쉰다고 표현합니다.

코르크 마개와 스크류 캡

코르크Cork는 식물 줄기나 뿌리의 조직으로 만들어진
것으로 온도 영향을 받지 않고 신축성이 좋으며 위생적이기
때문에 와인병 마개로 많이 사용합니다.

그러나 와인 스크류를 이용해야만 딸 수 있고
내구성이 약해 약 20년 정도까지만 사용이 가능하며
와인을 상하게 만드는 부쇼네 곰팡이에 약하다는
단점도 가지고 있습니다.

최근에는 중저가 와인을 중심으로
플라스틱으로 만든 코르크 모양의 마개와
손으로 돌려서 따는 스크류 캡도 널리 사용되고 있습니다.

◀ 스크류 캡

코르크 마개 모양

코르크 마개 모양은 탄산가스의 포함 유무에 따라
크게 두 가지로 나눌 수 있습니다.
탄산가스가 없는 스틸 와인의 코르크 마개는
원기둥 모양을 가지고 있고
탄산가스가 있는 스파클링 와인의 코르크 마개는
버섯 모양을 하고 있습니다.

▲ 스틸 와인 코르크 마개   ▲ 스파클링 와인 코르크 마개

코르크 마개의 길이

숙성기간이 길수록 와인을 빈틈없이
밀봉해야 하기 때문에 숙성 기간에 따라
코르크 마개의 길이가 달라집니다.
프랑스 고급 와인은 3~5cm,
프랑스 보르도의 특등급 와인은 6cm 정도의
길이를 사용합니다. 그리고 단기 보관하는
중저가 와인으로 내려갈수록 코르크 마개의
길이가 점점 짧아집니다.

09 와인의 나이를
빈티지라고 해요

빈티지Vintage는 와인을 만들기 위해 포도를 수확한 연도를 말합니다.
기후 조건이 매년 다르기 때문에 빈티지에 따라 포도의 질도 달라집니다.
빈티지는 와인의 품질을 예측하고 마시기 적절한 시기 등을 판단하는데 참고가 됩니다.

좋은 빈티지 와인

어떤 자연환경에서 자랐는지에 따라 포도의 맛이 다릅니다.
토양, 지형, 기후 등 포도나무가 잘 자랄 수 있는 자연환경에서
자란 포도로 만든 와인은 그렇지 않은 환경에서 자란 포도로 만든
와인보다 맛이 좋습니다.
자연환경은 매년 바뀌기 때문에 와인의 맛도 매년 달라집니다.
그래서 포도가 잘 여문 해를 좋은 빈티지로 정하고 가격도
다른 해에 비해 높게 유통됩니다.

구분	품질	추천 연도
19세기 이전	매우 좋음	1784, 1811, 1825, 1844, 1846, 1847, 1848, 1858, 1864, 1865, 1870, 1875, 1899
	좋음	1791, 1814, 1861, 1869, 1871, 1874, 1877, 1878, 1893, 1895, 1896
1900~1950년	매우 좋음	1900, 1920, 1926, 1928, 1929, 1945, 1947, 1949
	좋음	1904, 1911, 1921, 1934
1950년~현재	매우 좋음	1953, 1959, 1961, 1982, 1985, 1989, 1990
	좋음	1952, 1955, 1962, 1964, 1966, 1970, 1971, 1975, 1986, 1988, 1995, 1996, 1999

▲ 좋은 빈티지 와인 추천 연도

빈티지 차트

빈티지 차트는 포도를 수확할 때의 자연환경 등을 표시하고
연도에 따라 좋은 정도를 등급으로 나타낸 표입니다.

▲[eRobertParker.com] 홈페이지의 [Vintage Search] 페이지
https://www.erobertparker.com/newsearch/vintagechart1.aspx

적정 음용시기

와인마다 적정 음용시기가 있어서 좋은 빈티지의 와인이라도
언제 마시냐에 따라 맛과 향 등이 달라질 수 있습니다.
예를 들어 1982년 빈티지 와인은
2020년 전후가 적정 음용시기라고 했을 때,
지금 마시게 되면 거칠고 쓴맛이 날 테고,
적정 음용시기가 한참 지난 2050년쯤 마시면
신맛이 느껴지며 색도 갈색 톤을 띠게 될 것입니다.

논빈티지 와인

논빈티지 와인은 다른 해에 만들어진
와인들을 블랜딩한 와인으로
라벨에 빈티지를 표기하지 않습니다.

10 라벨만 알면
와인이 보여요

라벨에는 와인의 출신지를 알려주는 정보들로 가득합니다.
어느 나라에서 생산했는지, 어떤 포도품종인지, 몇 년산인지만
확인할 줄 알아도 와인을 사거나 음미할 때 많은 도움을 받을 수 있습니다.

각 나라별 와인 라벨 명칭

프랑스어 : Etiquette 에티켓

이탈리아어 : Etichetta 에띠께따

독일어 : Etikett 에티켓

영어 : Label 라벨

라벨에 들어 있는 정보들

생산국가 : 어느 나라에서 생산했는지 표시합니다.

포도품종 : 까베르네 쇼비뇽, 샤도네이 등 어떤 포도품종으로
　　　　　만들었는지 나타냅니다.

빈티지 : 포도를 수확한 해가 언제인지 표시합니다.

이 외에 원산지명, 브랜드이름, 와인등급, 와인생산자, 병입자의 이름, 알코올도수, 용기 내 와인용량 등의 정보들이 담겨 있습니다.

❶ 제조업체 　　　❷ 빈티지(포도수확 연도) 　　　❸ 브랜드 이름

❹ 와인등급 　　　❺ 병입 장소 　　　　　　　　　❻ 알코올도수

❼ 생산국가 　　　❽ 원산지명 　　　　　　　　　❾ 용기 내 와인용량

Almaviva

알마비바

> 알마비바는 프랑스 보르도의 명품와인 생산자와 칠레의 생산자가 성공적으로 합작하여 만들었기 때문에 '성공적인 합작', '상생의 관계'라는 의미를 담고 있는 칠레의 명품와인입니다.
>
> 와인 평론가 로버트 파커가 보르도에서 마신 와인들 중에서 가장 뛰어난 와인 중 하나라고 생각했는데 칠레산이라 놀라워했다는 일화도 있습니다. 이는 칠레 500여 년의 와인 역사와 그 무한한 가능성을 보여준다는 의미도 담겨 있습니다.
>
> 알마비바는 진한 빨간색을 띠며 매콤한 향신료, 민트 등의 향도 느낄 수 있습니다. 블랙체리, 스모키한 부케향은 긴 여운으로 이어져 칠레 고급 와인의 역사에 큰 획을 그은 와인입니다.

Information

종 류	레드 와인
당 도	드라이 와인
생 산 국	칠레Chile
생 산 지	Central Valley 〉 Maipo Valley 〉 Puente Alto
품 종	까베르네 쇼비뇽, 까르메네르, 까베르네 프랑
용 량	750ml
알코올도수	14.5 %

11 구세계 와인 생산국은 오랜 역사와 전통이 있어요

오래 전부터 와인을 양조해 온 유럽의 와인 생산국을 구세계라고 부릅니다.
구세계 와인 생산국은 대대로 내려오는 가문의 전통에 따라 가족이 경영하는
장인정신을 중요시합니다.

구세계 와인 주요 생산국

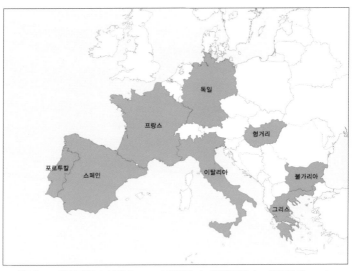

▲ 프랑스 France | 이탈리아 Italy | 독일 Germany | 스페인 Spain | 포르투갈 Portugal | 그리스 Greece |
헝가리 Hungary | 불가리아 Bulgaria

특징

지역별로 재배 가능한 포도품종을
정부에서 엄격히 규제하고 있습니다.
그리고 자연환경의 변화가 심한 편이라
포도 수확 연도에 따라 맛의 차이가 많이 나기 때문에
빈티지를 중요시하며
각 지역에서 생산하는 와인의 개성을
살리는데 중점을 두고 있습니다.
부드러움, 섬세함 등의 특색을 살린 와인을
소량 생산해, 와인을 고급화 시키고 있습니다.

원산지마다 대표품종이 있고 대부분 블랜딩을 하기 때문에
라벨에 원산지 이름만 표기하고 포도품종을 적지 않는
경우가 많습니다.

프랑스 France

이탈리아 Italy

독일 Germany

스페인 Spain

포르투갈 Portugal

헝가리 Hungary

12 유명한 구세계 와인산지는 어디인가요

구세계 와인산지는 특히 자연환경의 변화가 심한 편이기 때문에 같은 와인산지에서 재배한 포도로 와인을 만들었어도 매년 와인의 맛이 차이가 날 수 있습니다. 대표적인 구세계 와인산지인 프랑스, 이탈리아, 스페인에 대해 알아보겠습니다.

프랑스 France

프랑스는 와인양조용 포도가 자라기 좋은 토양과 기후를 가지고 있으며 북쪽 지방은 청포도를, 남쪽 지방은 까만 포도를 주로 재배하는데, 와인 종주국이라고 불릴 만큼 와인의 품질 면에서 세계 제일을 자랑합니다.

프랑스의 대표적인 와인 생산지방에는 보르도 bordeaux, 부르고뉴 bourgogne, 론 Rhone, 샹파뉴 Champagne, 알자스 Alsace 등이 있습니다.

이탈리아 Italy

이탈리아는 로마시대 이전부터
와인을 만들어 마셨다고 했을
정도로 와인 생산 역사가
오래 되었으며 세계 제일의
와인 생산 국가에 속합니다.
프랑스의 와인등급인 AOC를 참고로
DOC 제도를 만들어 와인을
관리하고 있습니다.
이탈리아에서 잘 알려진 와인 생산 지방은
토스카나 Toscana, 피에몬테 Piemonte,
베네토 Veneto 등이 있습니다.

스페인 Spain

스페인은 포도밭이 세계에서 가장 넓지만
날씨가 건조하고 관개시설이 빈약해 다른 나라에 비해
와인의 생산성이 떨어지는 편이었지만
최근에는 이러한 문제를 개선하고
원산지 통제제도를 만들어 우수한 와인을 생산하고 있습니다.
스페인에서 대표적인 와인 생산지방은
리오하 Rioja, 빼네데스 Penedes 등이 있습니다.

13 신세계 와인 생산국은 와인 양조 후발주자예요

와인 양조 후발주자인 와인 생산국을 신세계라고 합니다.
신세계 와인 생산국은 와인을 세계 시장에 선보이고 수출한 역사가 비교적 짧은 반면,
현대적인 기술과 대규모의 생산을 통해 저렴하고 품질 좋은 와인을 대량 생산합니다.

신세계 와인 주요 생산국

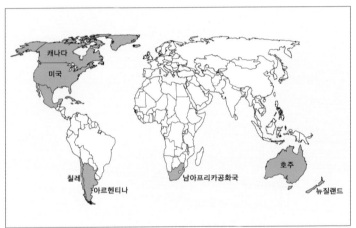

▲ 미국 America | 캐나다 Canada | 호주 Australia | 뉴질랜드 New Zealand | 칠레 Chile |
아르헨티나 Argentina | 남아프리카공화국 South Africa

특징

구세계 와인 생산국에 비해 규정이 엄격하지 않고
새로운 기술을 이용하여 와인을 대량 생산하여
가격 대비 좋은 품질의 와인을 만듭니다.
자연환경의 변화가 심하지 않아
빈티지에 따른 품질 변화는 적은 편입니다.
신세계 와인 생산국은 강한 품종끼리 블랜딩하여
더 강한 풀바디 와인을 생산하기도 하고,
단일 품종으로 와인을 생산하여
소비자에게 친근감을 느끼게도 해줍니다.

신세계 와인 생산국의
브랜드명과 포도품종이 적혀 있고
정보가 간소화되어 있어 라벨 디자인이 심플한 것이 특징입니다.

칠레 Chile

남아프리카공화국 South Africa

미국 America

호주 Australia

아르헨티나 Argentina

14 유명한 신세계 와인산지는 어디인가요

신세계 와인산지는 자연환경 변화가 심하지 않기 때문에 와인의 맛이 일정하게 유지되는 편입니다. 대표적인 신세계 와인산지인 미국, 칠레, 호주에 대해 알아보겠습니다.

미국 America

미국은 19세기 중반 유럽에서 다양한 포도품종을 들여와서 와인을 생산하기 시작했습니다.

미국에서 와인을 생산하는 업체들은 현대적인 설비를 갖추고 대량 생산을 하고 있습니다.

미국의 대표적인 와인 생산지방은 캘리포니아주Califonia인데 그중에서도 나파밸리Napa Valley와 소노마 밸리Sonoma Valley가 있습니다.

칠레 Chile

칠레는 저렴하면서 맛있는 와인을
생산하는 나라로 알려져 있습니다.
칠레에서 생산되는 화이트 와인은
오크통에서 오래 숙성시켜 색깔이
진하고 나무향이 강한 특징이 있습니다.
칠레의 대표적인 와인 생산 지방은
센트럴 밸리Central Valley인데
그 중에서도 마이포Maipo와
라펠Papel이 가장 유명합니다.

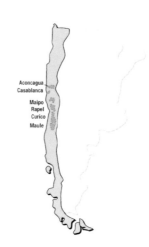

Aconcagua
Casablanca
Maipo
Rapel
Curico
Maule

호주 Australia

호주는 유럽의 포도품종을 들여온 것을 시작으로
현재는 500여 개 이상의 포도밭이 있습니다.
주로 재배하는 포도품종으로 레드는 쉬라즈, 까베르네 쇼비뇽,
메를로, 피노 누아 등이 많고 화이트는 리슬링, 세미용이
많습니다. 호주의 주요 생산 지방은 사우스 오스트레일리아,
웨스트 오스트레일리아, 뉴사우스 웨일즈, 빅토리아주
입니다.

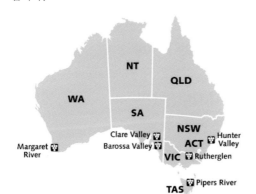

NT

QLD

WA

SA

NSW

ACT

Hunter Valley

Clare Valley

Barossa Valley

VIC

Rutherglen

Margaret River

TAS

Pipers River

15 프랑스의 와인 등급은 4개로 나누어요

와인 등급은 각 나라마다 다르지만 보통 프랑스 와인 등급을 기준으로 하기 때문에
프랑스 와인 등급에 대해 살펴보겠습니다.

프랑스 와인 등급 제도 A.O.C

프랑스 와인은 일찍부터 품질관리체제를
법률로 확립해 와인을 생산해 왔습니다.
A.O.C Appellation d'oringine controlee 는
와인의 품질을 유지, 발전시키기 위해 정부차원에서
원산지 명칭 표시를 통제하는 제도로
심사 기준에 따라 다음과 같이 4개 등급으로 나눕니다.

고급/고가

등급	등급 비율
A.O.C	35%
V.D.Q.S	2%
Vin de Pays	15%
Vin de Table	40%

저급/저가

A.O.C Appellation d'Origine Controlee

원산지 통제 명칭 와인

원산지통제법에 따라 만들어진
가장 좋은 품질의 와인에 사용되는 최상급 등급으로
'Appellation 원산지명 Controlee'로
표기합니다.

V.D.Q.S Vin Delimite de Qualite Superieure

우수 품질 제한 와인

이 등급은 A.O.C의 아래 등급이지만 고급품질을
인정받아 나중에 A.O.C로 승격될 수 있는 와인으로
최소 알코올 함량이 10.5도 이상이어야 합니다.

Vin de Pays

지역등급 와인

각 지역 산지별로 포도 생산지역과 포도품종 등의
기본적인 규제만을 거쳐 생산되는 와인이며
알코올 도수는 9도 이상이어야 합니다.
이 등급은 라벨에 지역명 대신 포도품종을
표기하는 것이 허용되어
신세계 와인과 경쟁하고 있습니다.

Vin de Table

일상 와인, 테이블 와인

프랑스에서 생산된 와인이라는 것 외에 지역 표시가
없는 와인입니다.
그래서 대중적이고 일상적인 와인으로
여러 지역의 포도품종을 블랜딩하여 제조합니다.
최소 알코올이 8도 이상으로
특별한 규제가 없기 때문에 라벨 없이
판매되는 경우도 있습니다.

Chateauneuf du Pape

샤또네프 뒤 빠쁘

> 샤또네프 뒤 빠쁘 지역에서 생산한 와인으로 이 지역에서 생산한 와인은 13가지 포도품종을 블랜딩해서 만든 우수한 와인이어서 협조, 팀워크, 단합의 의미를 담고 있습니다. 레드 와인에 강하고 거친 느낌을 부드럽게 해주기 위해서 화이트 와인용 포도 품종을 레드 와인을 제조할 때 사용하는 것이 특징입니다. 보통 알코올도수가 높으면서 균형감이 있고, 풀 바디에 스파이시하며 라스베리 풍미가 있으며 5~20년까지 장기 숙성이 가능합니다.
>
> 샤또네프 뒤 빠쁘의 어원은 예전에 교황청을 아비뇽으로 옮겼을 때 부르고뉴 와인을 진흥시켰는데 이때 이 지역의 와인을 '교황의 와인Vin du Pape'으로 명명하였으며 이 말이 샤또네프 뒤 빠쁘Chateauneuf du Pape로 변화되었습니다.

Information

종　　류	레드 와인, 화이트 와인
당　　도	드라이 와인
생 산 국	프랑스France
생 산 지	Rhone 〉 Chateauneuf du Pape
품　　종	레드 : 그르나슈, 쌩쏘, 꾸누와즈, 무르베드르, 뮈스까르딘느, 시라, 떼르 누아르, 바까레즈 화이트 : 부르불렁, 끌레레프, 삐까르뎅, 루산느, 삐끄뿔
용　　량	750ml
알코올도수	14 %

16 저렴하고 맛있는 와인은 어디에서 살 수 있나요

'와인은 비싼 주류'라는 인식이 여전히 대중에게 심어져 있습니다.
하지만 최근에는 와인전문매장이나 대형할인마트에서 저렴하고 맛있는
와인을 구매할 수 있어서 와인 애호가들이 늘어나고 있습니다.

와인전문매장이나 대형할인마트에서

와인을 구매하는 가격을 시가라고 부릅니다.

와인바나 레스토랑 등에서는 인건비와 임대료 등의

비용 때문에 시가보다 높은 가격으로 판매되고 있습니다.

이런 사정은 호텔도 마찬가지입니다.

하지만 대중적인 와인은 시가와 크게 차이가

나지 않게 판매되는 경우도 있습니다.

와인전문매장

고객 등록을 통해 매장 별로 고객관리를 별도로 합니다.
따라서 단골고객이 되면 와인 할인행사를 하거나 시음회나 강좌가 있을 때
안내를 받을 수 있습니다. 이러한 행사를 통해 소비자는 다양한 와인을
시음하고 저렴하게 구매할 수 있는 기회를 얻게 됩니다.

대형할인마트

상대적으로 저렴한 와인을 많이 판매하는 곳입니다.
최근에는 와인 매장을 별도로 만들어 소비자들에게
와인전문매장과 같은 서비스를 제공합니다.
때때로 방문 고객들이 시음할 수 있는 코너가 있기도 합니다.

와인아울렛매장

와인의 재고상품이나 비인기상품, 하자상품 등을 매우 저렴한 가격으로
판매하는 곳입니다. 최근에는 와인전문매장만큼이나 와인아울렛매장도
전국에 많이 생겨났습니다. 와인을 저렴하게 유통하기
때문에 개인 소비자들이 많이 찾고 있습니다.

백화점

식품코너가 있는 매장이나 1층에 와인을 판매하
는 매장이 마련되어 있습니다. 고가의 와인도 있
지만 저렴하고 대중적인 와인도 많이 판매되고
있습니다. 또 상품성이 떨어진 와인을 창고 공개
등의 이벤트를 통해 와인을 저렴하게 판매하기
도 합니다.

편의점

편의점에서도 와인을 구매할 수 있습니다. 하지
만 와인의 보관 온도가 맞지 않아 와인의 맛이
변하는 경우가 종종 있기 때문에 주의해서 구매
해야 합니다.

17 로버트 파커가 맛있다고 평가한 와인은 무엇일까요

로버트 파커는 '와인 황제'로 불릴 정도로 세계에서 인정받는 와인 평론가 중 한 명입니다.
그는 와인 품질을 점수제로 처음 적용시켜 많은 사람들이 와인을 선택하는 기준으로
많이 사용합니다.

로버트 파커는 누구?

로버트 파커Robert M. Parker Jr.는 100점 만점제로 와인의 품질을
표시한 와인 평론가입니다.
그의 점수에 따라 와인값이 오르기도 하고
떨어지기도 할 정도로 영향력이 있습니다.
그가 매년 작성하는 빈티지 차트는
소비자들이 와인을 선택할 때 상당한 도움이 되고 있습니다.

■ 사상
1993년 : 미테랑 대통령, 국가 유공 훈장 수여
1998년 : 제임스 비어드상 '탁월한 와인 및 와인 전문가 부문' 수상
1999년 : 지크 시라크 대통령, 레종 도뇌르 훈장 수여

■ 저서
부르고뉴 Burgundy
론 밸리의 와인 The Wines of the Rhone Valley
파커의 와인 구매자 가이드 Parker's Wine Buyer's Guide

로버트 파커 점수의 특징

로버트 파커는 소비자가 와인을 쉽게 비교할 수 있도록 100점 만점의 파커 포인트를 매겼습니다. 객관성을 유지하고 와인생산자와 연계되지 않고 독립적인 자세를 유지해 소비자의 신뢰를 얻었습니다.

점수	특징
50–59	전혀 마실 만하지 않은 와인
60–69	눈의 띄는 결함(산도와 타닌이 과도하거나 향이 없는 등)이 있는 평균 이하의 와인
70–79	• 별로 특징이 없는 평균 수준의 와인 • 단순하고 불쾌감을 주지 않는 와인
80–89	눈에 띄는 결점이 없으며 맛과 양에서 조화롭고 균형잡힌 평균 이상의 와인
90–95	복잡 미묘하며 비범한 특징을 지닌 탁월한 와인으로 한마디로 훌륭한 와인
96–100	• 심오하고 복잡한 독특한 와인 • 다양한 종류의 클래식 와인이 갖고 있는 모든 특성을 지닌 와인 • 공들여 찾아내어 마실 만한 가치가 있는 와인

1982년 보르도 와인 이야기

1982년 보르도 와인은
대다수의 와인 평론가가 안 좋은 빈티지라고
평가했습니다.
그런데 파커는 좋은 빈티지 와인이라고
칭찬을 아끼지 않았습니다.
결국 1982년 보르도 와인이 좋은 와인이라고
증명되면서 이를 계기로 로버트 파커는
명성을 얻을 수 있었습니다.

1982년 보르도 와인 중 하나 ▶

18 좋은 와인, 고르는 방법을 아시나요

와인은 종류도 많고 다양하기 때문에 이름만 보고 고르기는 쉽지 않습니다.
그렇다면 어떻게 해야 좋은 와인을 고를 수 있을까요?
지금부터 좋은 와인을 고르는 방법에 대해서 알아보겠습니다.

와인 선택의 분야 좁히기

와인의 종류와 가격대를 선택합니다.
레드, 화이트, 로제 와인 중
어떤 와인을 마실 것인지
어떤 가격대의 와인을 마실지 정하는 것도
와인을 고르는데 도움이 됩니다.

조언 구하기

와인 매장에서 일하는 점원들은
대부분 와인에 대한 지식을
어느 정도 가지고 있으므로
어떤 와인을 선택할지 잘 모르겠다면
점원의 조언을 구합니다.

보관 상태 확인하기

때때로 보관을 잘못한 상태에서 유통되거나
매장에서 와인이 잘못 보관하여
상한 와인이 판매되는 경우도 있으므로
잘 살피도록 합니다. 그리고 와인병의
목 부분까지 와인이 잘 채워졌는지,
코르크 마개가 밖으로 빠져나오지는 않았는지 등을
꼼꼼하게 살피도록 합니다.

와인 시음회 이용하기

요즘에는 와인전문매장이나 와인 동호회 등에서
시음회를 정기적으로 열고 있습니다.
매년 열리는 주류박람회 등을 통해
여러 나라의 다양한 와인을 마셔보고
와인을 구매할 때 참고합니다.

초보자라면 비싼 와인 피하기

와인을 처음 배우기 시작한 초보자라면
비싼 와인보다 대중적인 와인을 접하는 것이 좋습니다.
보통 매장에서 1~5만원 대의 와인을 선택하고
할인 행사 등을 이용하여 보다 저렴하게 구매하도록 합니다.
너무 저렴한 와인은 오히려 와인의 맛을 음미하는데
방해될 수 있기 때문에 피하는 게 좋습니다.

박스 구매가 경제적

좋은 와인은 지인들과
박스로 공동구매하는 게 경제적입니다.
할인행사, 기획행사 등으로 저렴하게
시장에 나온 와인들은 대부분 박스 단위로
판매가 되고 있기 때문에
박스로 구매를 하면 추가 할인을 기대할 수
있습니다.

자신의 입맛에 따라 결정

좋은 와인의 가장 중요한 기준은 자신입니다.
다른 사람들이 아무리 맛있다고 하더라도
자신의 취향과 입맛에 맞지 않다면 의미가 없습니다.
따라서 직접 와인을 마셔보고
자신의 입맛과 취향에 맞는 와인을
고르도록 합니다.

19 레스토랑에서 와인을 주문할 때 어떻게 할까요

요즘에는 호텔이나 고급 레스토랑뿐만 아니라 패밀리레스토랑,
일식당, 중식당, 한식당 등 다양한 장소에서 와인을 즐길 수 있습니다.
대부분 와인 리스트는 별도로 있는데, 리스트를 보는 요령과
와인을 주문하는 요령에 대해 알아보겠습니다.

와인 주문하기

1 주문할 식사를 결정합니다.
2 와인 리스트를 보고 어떤 와인이 있는지 확인합니다. 리스트는 대부분 와인의 종류별,
   와인 생산국별, 가격대별로 정리가 되어 있습니다.
3 와인의 가격대를 확인한 뒤 주문할 와인을 결정합니다.

와인 리스트 보기

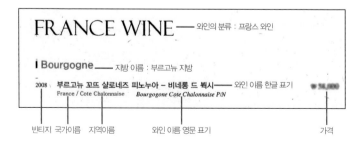

FRANCE WINE ── 와인의 분류 : 프랑스 와인

i Bourgogne ── 지방 이름 : 부르고뉴 지방

2008 부르고뉴 꼬뜨 샬로네즈 피노누아 – 비네롱 드 뷕시 ── 와인 이름 한글 표기
France / Cote Chalonnaise *Bourgogone Cote Chalonnaise P/N* ₩ 58,000

빈티지   국가이름   지역이름   와인 이름 영문 표기   가격

20 와인 스크류는 와인을 따는 도구예요

와인은 대부분 코르크 마개로 막혀 있습니다. 이 코르크 마개를 열기 위해선 전용 도구가 필요합니다. 이 도구를 와인 스크류라고 하는데 다른 병따개처럼 편하게 와인따개로 부르기도 하고 와인 오프너라고 말하기도 합니다.

와인을 열기 위한 도구

소믈리에 나이프 Sommelier knife

톱니 모양의 칼로 호일을 벗겨내고 코르크 마개에 스크류를 꽂은 뒤 지렛대 원리를 이용하여 코르크 마개를 뽑습니다. 전문가가 자주 사용하는 도구입니다.

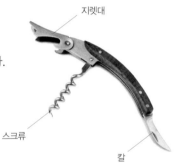

지렛대

스크류

칼

윙 스크류

코르크 마개에 스크류를 꽂고 손잡이를 돌리면 양 날개가 올라오면서 스크류가 코르크 마개에 들어갑니다. 이때 날개를 아래로 내리면 코르크 마개가 올라옵니다.

손잡이

스크류

날개

T자형 스크류

스크류를 코르크 마개에 돌려
넣은 다음 다리 사이에
와인병을 넣어 고정시킵니다.
오른손으로 손잡이를 잡고
오른쪽 방향으로 돌려주면서
코르크 마개를 뽑아냅니다.

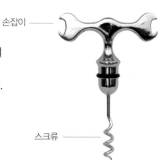

손잡이

스크류

손잡이

칼날

아소 Ah-So 또는 Twin prong cork puller
두 개의 칼날을 코르크 마개와
병 사이의 틈에 집어넣어 돌려
코르크 마개를 빼냅니다.
주로 오래된 빈티지 와인을 열 때
사용합니다.

전동식 와인 오프너

자동으로 호일을 벗겨내고 코르크 마개를
뽑아냅니다.

와인 코르크 마개 잘 따는 법

1 나이프로 병목 부분의 호일에 칼집을 내고 위로 호일을 벗겨냅니다.

2 코르크 마개 가운데에 스크류를 돌려 넣습니다.

3 스크류 나사의 한 칸 정도 깊이까지 넣었으면 지렛대의 1단 부분을 병목에 걸쳐 코르크 마개를 빼냅니다.

4 코르크 마개가 중간쯤 나오면, 지렛대 2단 부분을 병목에 걸고 나머지 코르크를 빼냅니다.

와인을 열 때 코르크 마개가 부러졌다면?

와인 스크류를 다시 처음과 같은 형태로 남은 코르크 마개에 돌려 넣어 빼면 됩니다.

1865

"

'1865'는 골프의 드림 스코어인 18홀을 65타에 칠 수 있다는 의미를 담고 있어 골프를 치는 사람들 사이에서 인기가 좋은 와인입니다. 1865는 가격에 비해 품질이 좋고 향이 강해 한국인들이 특히 좋아할 만한 맛이라 18세부터 65세까지 마시는 와인이라고 부르기도 합니다.

1865를 빈티지로 착각해 생긴 재미있는 일화도 있습니다. 와인 수집가 집에 침입한 도둑이 1865를 와인 이름이 아닌 빈티지로 착각해 훔쳐간 것입니다. 오래된 와인이 좋다는 것만 풍문으로 들었던 것이죠. 1865 와인이 고급 와인을 지켜준 효자 와인이 되었습니다.

사실 1865는 산 페드로San Pedro라는 칠레 와인 회사의 대표 제품입니다. 이 회사의 설립연도인 1865년을 기념하기 위해 만들어진 와인이어서 이름도 '1865'라고 붙여진 것입니다.

1865 와인의 종류로 1865 리제르바 까베르네 쇼비뇽, 1865 리제르바 까르미네르, 1865 리제르바 시라, 1865 리제르바 말벡, 1865 리미티드 에디션, 1865 싱글빈야드 쇼비뇽 블랑이 있습니다.

"

와인의 종류에 따라 마시는 잔도 달라져요

와인잔은 크게 레드 와인, 화이트 와인, 로제 와인, 스파클링 와인 용으로
분류할 수 있습니다. 각 와인잔의 특징에 대해서 알아보겠습니다.

레드 와인잔

레드 와인잔은 입구가 넓고 입구 각도가 와인을 마실 때
혀 안쪽에 와인이 닿는 구조로 되어 있어
레드 와인 특유의 타닌감을 풍부하게 느낄 수 있습니다.
와인잔의 입구가 볼보다 좁은 이유는
와인의 향을 오래 머물게 하기 위해서입니다.
레드 와인잔은 볼 크기에 따라 보편적인 잔인 보르도 스타일과
보르도 스타일보다 볼이 좀 더 볼록하고 넓어
보다 풍만한 와인의 향을 느낄 수 있는
부르고뉴 스타일이 있습니다.

보르도 스타일 레드 와인잔

부르고뉴 스타일 레드 와인잔

화이트 와인잔

화이트 와인은 차게 마시기 때문에
음용온도가 빨리 올라가지 않도록 하기 위해서
화이트 와인잔은 레드 와인잔보다 작습니다.
입구의 각도도 와인을 혀 앞에 떨어지게 하여
보다 단맛을 잘 느낄 수 있는
구조로 되어 있습니다.

로제 와인잔

와인잔의 입구가 꽃이 피어나는
것처럼 만들어져 있습니다.
핑크 색을 띠는 로제 와인
특유의 색을 잘 감상할 수 있습니다.

스파클링 와인잔

스파클링 와인은 기포가 올라오는 것을 감상하는 것이
포인트입니다. 따라서 스파클링 와인잔은 볼이 좁고 길이가 길
쭉한 형태를 가지고 있습니다.

 어떤 와인잔이 좋은 와인잔인가요

와인잔을 선택할 때는 투명하고 장식이 없는 것을 고르는 것이 좋습니다.
그리고 잔의 볼이 얇을수록 와인 색상을 선명하게 판별할 수 있어서 좋습니다.

22 디켄팅은 와인의 맛을 더 좋아지게 해요

와인 디켄팅Wine Decanting은 와인을 디켄터에 옮겨담는 것을 말합니다.
와인이 오래 숙성되면 찌꺼기가 생기는데 이것을 분리하는 작업이 디켄팅입니다.

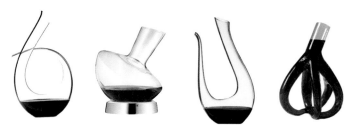

▲ 다양한 모양의 디켄터

디켄팅 목적

와인 속의 침전물을 미리 제거합니다.
와인의 향과 맛을 좋아지게 합니다.
좋은 분위기를 연출할 수 있습니다.

디켄팅 순서

1 눕혀서 보관한 레드 와인은 디켄팅 하루 전에 바로 세워 침전물이 바닥에 가라앉도록 합니다. 와인에 따라 디켄팅을 하기 2시간 전에 세워놓기도 합니다. 침전물이 없고 분위기 연출과 맛과 향만 풍부하게 하고자 한다면 굳이 세워놓지 않아도 됩니다.

2 와인을 테이블에 꺼내기 한 시간 전에 와인 호일을 모두 벗기고 코르크를 제거합니다.

3 와인을 디켄터에 따를 때 침전물이 함께 옮겨지는지 확인하기 위해 병 어깨 부분을 촛불이나 테이블 등으로 밝게 하여 따릅니다. 침전물을 걸러내기 위한 것이 아니면 촛불은 없어도 됩니다.

4 왼손으로 와인 디켄터를 잡고 오른손으로 디켄팅 할 와인병을 잡아 천천히 디켄터에 따릅니다. 침전물이 나오기 직전까지 따르고 나머지는 버리는 것이 좋습니다.

와인을 시원하게 마시려면 칠링을 해요

와인은 그 특성에 맞게 적정 온도를 유지시켜주면 더 맛있게 마실 수 있습니다.
주로 화이트 와인이나 스파클링 와인은 차게 마시는 게 좋습니다.

와인 칠링

칠링chilling은 냉각이라는 뜻으로,
와인 칠링은 와인을 냉각시킨다는 의미를 지니고 있습니다.
차가운 온도를 유지시켰을 때 더 맛있게 마실 수 있는 와인은
화이트 와인이나 스파클링 와인, 타닌이 적거나
최근 빈티지의 레드 와인 등이 있습니다.

칠링 방법

와인냉장고, 셀러

온도를 일정하게 유지시켜
주는 쿨러

얼음이 없을 때 이용할 수
있는 휴대용 쿨러

이동할 때 사용할 수 있는
이동용 쿨러

아이스 버킷

야외에서 사용하면 좋은
휴대용 아이스 버킷

아이스 버킷

얼음을 담아 두는 그릇으로 와인의 온도를
차게 유지시켜 주는 역할을 합니다.

24 와인을 맛있게 마시려면
적정온도를 유지해야 해요

와인은 발효주이기 때문에 온도에 민감합니다.
그래서 각 특성에 맞게 온도를 맞춰서 보관하고 마실 때도 적정 온도를 유지시키면
더 맛있게 음미할 수 있습니다.
보통 레드 와인은 15~20도의 상온에서 맛있게 마실 수 있고,
화이트 와인은 10도 이하로 차게 마시는 게 좋습니다.

와인 마시기 좋은 온도

11~12℃

▲ 레드 라이트 바디 와인

13~15℃

▲ 레드 미디엄 바디 와인

16~18℃

▲ 레드 풀 바디 와인

8~12℃

▲ 화이트 드라이 와인

8~12℃

▲ 스위트 와인

8~12℃

▲ 스파클링 와인

8~12℃

▲ 로제 와인

25 와인은 발효의 정도에 따라 알코올도수가 달라져요

와인은 포도 속의 당분이 발효되면서 알코올이 됩니다.
이때 당분이 100% 발효되지 않으면 알코올도수는 낮아지고,
100% 모두 발효되면 일반 와인이 됩니다. 그리고 100% 발효된 와인에
알코올이나 오드비를 첨가하면 높은 도수의 와인이 만들어집니다.

고 알코올 와인

알코올 강화 와인Fortified Wine이라고도 하는
고 알코올 와인은 프랑스와 영국의 백년전쟁 때
열악한 보관 환경으로 인해 와인이 변질되는 것을 막기 위해서
와인에 도수가 높은 브랜디를 추가로 넣은 것이
유래가 되어 만들어진 와인입니다.

포도가 발효되는 과정에 있거나 발효가 모두 끝난 후
알코올이나 브랜디의 원액인 오드비Eae de vie를
첨가하여 알코올도수를 18% 이상 높였으며
대표적인 생산 국가에는 포르투갈과 스페인이 있습니다.

▲ 알코올도수가 18%인 와인 라벨 표시

▲ 알코올도수가 20%인 와인

일반 와인

순수하게 포도만을 발효시켜
만든 와인입니다.
대부분의 와인이 여기에
속하며 보통 알코올도수는
8~12% 입니다.

▲ 알코올도수가 12%인
와인 라벨 표시

▲ 알코올도수가 13.5%인 와인

저 알코올 와인

포도 속에 있는 당분을 100% 발효시키지 않고 남기면
와인에 단맛이 느껴지면서 알코올도수가 낮아집니다.
보통 알코올도수는 8~9%이며 나라에 따라
알코올도수가 5%대까지 낮은 경우도 있습니다.
주로 날씨가 추운 지방에서 생산되는데
대표적인 생산 국가는 독일과 동유럽입니다.

▲ 알코올도수가 7.5%인
와인 라벨 표시

▲ 알코올도수가 6%인 와인

Chateau Talbot

샤또 딸보

> '샤또 딸보'는 2002년 월드컵 16강전 진출을 확정짓고 히딩크 감독이 마신 와인으로 많이 알려져 있습니다. 이런 일화가 없더라도 '샤또 딸보'는 우리나라 사람들에게 가장 많이 알려진 고급 와인이기도 합니다.
>
> 딸보Talbot는 영국 장군인 존 탈보John Talbot에게서 유래된 것으로, 포도원이 1855년 그랑 크뤼 4등급으로 지정되면서 보르도에서 고급 와인을 생산하는 포도원 중 하나로 자리매김했습니다.
>
> 보라빛이 살짝 감도는 짙으면서 밝은 빨간색을 띠며 자두 등의 붉은 과일향이 느껴집니다. 오크통에서 오래 숙성하는 만큼 깊은 오크향은 그랑 크뤼 와인의 전형성을 느낄 수 있습니다. 와인을 병입 후 4~5년 정도 지난 뒤에 시음을 하면 타닌이 많이 부드러워져 마시기 수월해집니다.

Information

종 류	레드 와인
당 도	드라이 와인
생 산 국	프랑스 France
생 산 지	Bordeaux 〉 Saint-Julien
품 종	까베르네 쇼비뇽 66%, 메를로 26%, 쁘띠 베르도 5% 까베르네 프랑 3%
용 량	750ml
알코올도수	13 %

26 와인을 따르고 받는 방법이 무엇인가요

술의 종류에 따라 술을 마시는 방법이 제각기 다르듯이 와인도 와인을 따르고 받을 때
와인만의 예의가 있습니다. 꼭 지켜야 한다기보단 알아두면 상대에 대한
예의를 지킬 수 있으므로 알아두는 것이 좋습니다.

 린넨

와인을 따르지 않는 팔 위에는 와인을 따른 뒤 병에 묻은 와인을 닦을 수 있는 시트인
린넨 Linen 을 두르면 좋습니다.

와인을 따르는 방법

와인을 따를 때는 허리를 펴고, 한 손으로 따르며
와인병의 아랫부분을 잡습니다. 와인의 여러 가지 향을
맡기 위해서 와인 잔의 1/3이나 1/4 정도만 따릅니다.
와인을 따른 뒤에는 와인 방울이 튀지 않게 하기 위해서
와인 병을 살짝 돌려줍니다.

 와인병의 아랫부분을 잡는 이유

와인이 마시기 좋은 온도로 서빙이 됐을 때 와인의 온도 변화를 적게 하기 위해서입니다.

와인을 받는 방법

와인을 받을 때에는 와인 잔을 들지 않고
테이블 위에 올려 놓고 검지와 중지를 벌려
와인 잔 밑에 살짝 갖다 대줍니다.
만일 와인 에티켓을 잘 모르는 윗사람이 따라줄 경우에는
두 손으로 공손히 받아도 좋습니다.

27 와인을 마시는 방법은 무엇인가요

와인을 마실 때에는 와인잔의 대를 잡고 상대의 눈을 바라보면서
건배를 합니다. 그리고 와인은 한 번에 잔을 비우지 않고 첨잔을
계속합니다. 만약 와인을 더 마시기 어렵다면 거절을 해도 좋습니다.

와인잔의 명칭

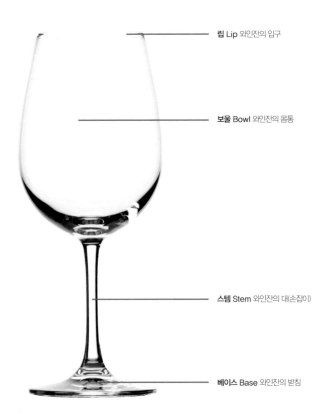

립 Lip 와인잔의 입구

보울 Bowl 와인잔의 몸통

스템 Stem 와인잔의 대(손잡이)

베이스 Base 와인잔의 받침

와인잔 잡기

와인을 마실 때에는 와인잔의 스템Stem을 잡습니다.
손으로 와인잔의 보울Bowl을 만지면
마시기 좋은 온도로 서빙된 와인의 온도가
변할 수 있기 때문입니다.
만약 상온에서 마시면 좋은 와인이 차가운 상태라면
와인잔의 보울을 손으로 감싸
와인을 마시기 좋은 온도로 올려주는 것이 좋습니다.

와인 마시기

와인을 마실 때에는 턱을 약간 들어 올려
와인을 흘리지 않도록 주의합니다.
그리고 와인이 혀 전체를 감돌 수 있도록
입안에서 와인을 잠깐 머금은 다음
목으로 넘기면 와인의 풍만한 향과 맛을 느낄 수 있습니다.

첨잔

와인을 마실 때는 잔을 모두 비우지 않고
조금 남아 있을 때 더 따라서 마십니다.
상대방의 잔에 와인이 조금 남아 있을 때
잔을 채워주는 것이 좋습니다.

거절

와인을 그만 마시고 싶거나
상대방이 와인을 많이 따를 경우
와인잔의 보울에 손을 살짝 갖대 대어
거절의 의사를 표현할 수 있습니다.

건배

와인으로 건배를 할 때는
와인잔을 45도로 기울여서
와인잔의 보울을 부딪칩니다.
이때 웃는 모습으로 상대와 눈을 맞춥니다.
만일 상대방의 눈을 직접 바라보는 것이 부담스럽다면
상대방의 미간을 보는 것도 좋습니다.

여러 사람과 건배

세 사람 이상의 사람이 모여 건배를 할 때는
와인잔의 입구 부분을 부딪칩니다.
이때도 와인잔이 아니라 다른 사람들의 눈을 번갈아
가면서 바라봅니다.
즐겁게 이야기를 나누다가 눈이 마주칠 경우 상대방과 함께
건배를 하는 것도 좋습니다.

28 와인은 코와 입으로 음미하는 음료예요

와인은 향과 맛을 즐길 수 있습니다. 향은 첫 잔에서 맡는 아로마향, 공기의 접촉을 통해
얻을 수 있는 부케향, 빈 잔에 남은 여운의 향을 얻을 수 있는 빈잔향이 있습니다.
맛은 혀를 통해 와인의 다양한 맛을 음미할 수 있습니다.

아로마향

아로마Aroma향이란 포도의 발효 단계에서 발생하는 향으로
와인을 따르거나 와인을 따른 후 맡을 수 있습니다.
잔을 천천히 들거나 잔을 테이블에 놓은 다음
코를 대고 조금씩 깊게 향을 맡습니다.

부케향

부케Bouquet향이란 포도의 발효와 숙성 과정에서
일어나는 화학적 변화에 의해 만들어진 향으로 와인이
공기와 접촉할 때 향이 풍부해집니다.
공기 접촉을 활성화하기 위해 와인이 담긴 잔을 돌리거나
다른 잔에 따르는 디켄팅 과정을 통해 얻을 수 있습니다.
와인 잔을 돌릴 때는 오른쪽에서 왼쪽으로 돌립니다.

 왼쪽 방향으로 돌리는 이유

일반적인 테이블 매너에서 음료는 오른쪽에 세팅이 됩니다.
따라서 와인도 오른쪽에 두고 와인을 마실 때 오른손을
사용합니다. 이때 오른손으로 와인잔을 오른쪽으로 돌리면
원심력으로 인해 옆사람에게 와인 방울이 튈 수 있기 때문에
왼쪽으로 돌리도록 합니다.

빈잔향

와인을 다 마시고 난 후
빈잔에 남은 여운의 향을 말합니다.
처음에는 향이 거의 없다가
시간이 지나면 향이 정점에 다다르고
좀 더 시간이 지나면 향이 서서히 사라집니다.

혀로 느끼는 와인의 맛

와인을 마실 때
혀를 통해서 여러 가지 맛을 느낄 수 있습니다.
혀의 앞부분은
와인의 당분과 질감의 단맛을 느낄 수 있고
혀의 뒷부분은
와인에 함유된 다양한 산의 쓴맛을 느낄 수 있고
혀의 양옆부분은 포도껍질이나 포도씨에 들어있는 타닌 등의
신맛과 씁쌀한 맛을 느낄 수 있습니다.

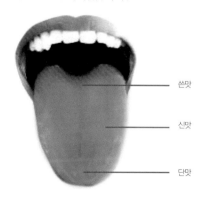

쓴맛

신맛

단맛

29 와인병 아래 가라앉은
주석산염은 해롭지 않아요

와인의 다이아몬드라고도 부르는 주석산염은
오래된 와인의 코르크 마개 또는 와인병의 바닥에서 발견할 수 있으며
레드 와인은 주홍색, 화이트 와인은 흰색을 띠는 결정체입니다.

주석산염은 무엇인가요

주석산염Tartrate은
와인 코르크 밑바닥이나 병 바닥에 붙어있는 결정체로
포도의 칼륨이나 칼슘이 미네랄과 결합하면서 발생합니다.

무색무취이며 인체에 무해하고
오래도록 잘 성숙된 빈티지 와인에서 자주 발견되므로
좋은 와인을 선택하는 조건이 되기도 합니다.

주석산염이 없는 맑은 와인을 선호하는 경우 거름망으로 거르거나
와인을 마실 때 조금 남기도록 합니다.

최근에는 저온 안정화 등의 방법을 통해
주석산염 발생을 줄이기도 합니다.

레드 와인 주석산염

레드 와인은 와인 속에 들어 있는
타닌 등의 성분이 숙성되어
주홍색의 주석산염 결정체가 발생합니다.
5도 이하에서 장기간 보존되거나
충격 또는 진동을 받으면
와인 속의 주석산염이 과포화되어
서서히 결정체가 생기게 됩니다.
보통 10년 이상 오래된 레드 와인에
주로 많이 쌓입니다.

화이트 와인 주석산염

화이트 와인은 흰색의 주석산염이 발생합니다.
화이트 와인은 오래되더라도
침전물이 거의 없는 편이지만
주석산이 칼륨 등의 미네랄 성분과 결합하면서
흰색 주석산염 결정이 생깁니다.

30 와인을 보관할 때는 온도와 습도에 신경써주세요

와인 보관을 잘못하면 와인이 변질되어 와인의 풍부한 향과 맛을 느끼지 못할 수 있습니다.
와인은 빛, 온도, 습도에 민감하므로 적정 환경에 맞게 보관해야 합니다.

와인의 수명

와인은 병에 담겨 있는 상태에서도
계속해서 숙성이 됩니다.

와인의 맛은 숙성을 통해 서서히 변화하다가
가장 맛이 좋은 정점에 이른 다음
서서히 수명이 다한 후 쉬어버립니다.

와인의 종류와 보관 상태에 따라 차이가 있지만
대부분의 와인은 제조한지 5~6년 내에
소비하기를 권장합니다.

타닌이 많고 알코올도수가 높으면
10년에서 20년까지도
보관이 가능합니다.

와인병은 눕혀서 보관해요

와인병을 세워서 보관하면 코르크 마개가
건조해져서 외부로부터 공기가
들어갈 수 있습니다.
와인병에 공기가 들어가면
와인이 산화되어 쉬어버리므로
와인병을 눕혀서 보관합니다.
와인병을 눕혀서 보관하면
코르크의 건조를 막을 수 있고
와인이 코르크 마개로 스며들어
코르크가 팽창하기 때문에
외부로부터 공기가 들어오는 것을 방지할 수 있습니다.

강한 광선, 높은 온도, 심한 진동은 피해주세요

와인의 산화를 촉진시키는 요인에는
강한 광선과 높은 온도, 심한 진동이 있습니다.

와인은 햇빛이 없는 서늘한 곳에 보관하고
습도는 55%~75%가 적당하며
온도는 14~18도 정도를 유지하도록 합니다.

와인은 진동에도 민감하므로
진동이 있는 계단이나 냉장고는 피하도록 합니다.

 와인은 온도 변화에 민감해요.

와인이 급격한 온도 변화를 겪으면 코르크 마개가 수축과 팽창을 반복합니다.
이때 코르크 마개와 유리병 사이의 틈이 벌어지고, 그 틈으로 공기가 유입되어
신화를 촉진시켜 부패할 수 있습니다.

Calon Segur

깔롱 세귀르

> '깔롱 세귀르'는 라벨에 하트 모양이 있어 사랑의 의미를 담고 있습니다. 라벨에 하트가 그려져 있는 와인은 깔롱 세귀르가 유일하고, 코르크 마개에도 하트 모양이 있어 사랑이란 의미가 더욱 견고하게 전해집니다. 따라서 청혼할 때 많이 사용합니다.
>
> 깔롱 세귀르는 오랜 역사를 지닌 깔롱 지역의 가장 핵심 위치에 있는데, 17세기 깔롱의 소유주는 "내 마음은 항상 깔롱에 있다"고 할 정도로 깔롱 예찬가였습니다. 이런 마음을 현재 소유주도 이어받았기 때문에 사랑과 떨어질 수 없는 와인이라고 생각하는 사람도 있습니다.
>
> 깔롱 세귀르는 자주색을 띠며 체리 등의 향이 납니다. 타닌이 강하지 않아 달콤하고 부드러운 맛을 느낄 수 있습니다.

Information

종　　　류	레드 와인
당　　　도	드라이 와인
생　산　국	프랑스 France
생　산　지	Bordeaux 〉 Saint-Estephe
품　　　종	까베르네 쇼비뇽 50%, 메를로 25%, 까베르네 프랑 25%
용　　　량	750ml
알코올도수	12.5 %

31 상한 와인을
부쇼네라고 해요

부쇼네Bouchonne는 불어로 '마개 냄새가 나는 포도주'로
'불량 코르크로 인해 변질된 와인을 말합니다.

부쇼네 특징

부쇼네는 불량 코르크로 인해
변질된 와인을 가르킵니다.

부쇼네 현상이 발생하면
와인 고유의 향이 없어지고 곰팡내가 나며
와인을 마셨을 때 김 빠진 듯한 느낌이 듭니다.

부쇼네는 습한 환경에서 발생하므로
와인을 보관할 때 습도에 주의해야 합니다.
주로 코르크 마개가 균에 오염되어 발생하거나
와인을 높은 온도에서 보관하여 열화되어
상하는 경우도 있습니다.

코르크 마개에 의한 부쇼네를 알아보는 방법

● 와인이 병 밖으로 새어나와 병 입구를 감싸고 있는 호일이 굳어져 잘 돌아가지 않습니다.

● 코르크 마개의 윗부분에 곰팡이가 보입니다.

● 코르크 마개에서 상한 음식이나 젖은 종이 냄새 등이 납니다.

산화에 의한 부쇼네를 알아보는 방법

● 코르크 마개가 미세하게 갈라지거나 쪼그라들어 있습니다.

열화에 의한 부쇼네를 알아보는 방법

● 코르크 마개가 와인병 입구 위쪽으로 올라와 있습니다.

● 와인병 입구를 감싸고 있는 호일이 잘 돌아가지 않습니다.

32 스마트 폰으로 와인 정보를 검색해요

스마트 폰이나 태블릿 PC 등에서 [네이버]나 [다음]의 와인 라벨 스캔 기능을 이용하면
별도의 정보 입력없이 손쉽게 와인 정보를 찾아 볼 수 있습니다.

[네이버] 앱으로 라벨 스캔하여 와인 정보 보기

1 스마트 폰에서 앱을 다운로드 받
을 수 있는 [앱 스토어] 또는 [구글 플
레이]를 실행한 후 'naver'를 검색해
서 [네이버] 앱을 다운로드 받아서 설
치합니다.

2 [네이버] 앱을 실행한 후 아이콘을 누르면 나타나는 메뉴에
서 [와인라벨] 아이콘을 누릅니다.

3 카메라가 동작하면 와인병의 라벨 부분을 촬영 영역에 넣은 후 🔘 버튼을 눌러 촬영을 합니다.

4 촬영이 정상적으로 이루어지면 와인 정보가 나타납니다. 만일 오류가 발생되면 밝은 곳에서 다시 촬영해 봅니다.

[와인 OK] 와인 정보

[와인OK] 앱을 이용하면 와인을 검색해서 다양한 와인 정보를 볼 수 있습니다.

33 마시고 남은 와인은 다양하게 **활용할 수 있어요**

와인을 마시고 남았다면 코르크 마개로 와인병을 다시 막아
다음날 마시는 경우가 종종 있습니다. 그런데 보관을 잘못하여
와인의 맛이 변했다면 버리기 아깝다는 생각이 들기도 합니다.
이런 경우 어떻게 하는 게 좋을 지에 대해 알아보겠습니다.

마시다 남은 와인 보관 방법

깨끗한 코르크 마개로 와인병을 다시
막고 세워서 보관합니다.

와인 스토퍼wine stopper를
이용하여 와인병을 막습니다.

진공마개를 이용하면 와인
병 안의 공기를 완벽하게
차단할 수 있기 때문에
더 오래 보관할 수 있습니다.

와인병의 입구를 막은 뒤에는 와인 셀러에 넣어두거나
온도 변화가 적은 곳에 보관합니다.

남은 와인으로 와인 식초 만들기

와인 속에 식빵 한 조각을
손가락 길이로 잘라 넣은 후
코르크 마개를 막고 서늘한 곳에
5~6개월 두면 와인 식초가 됩니다.
샐러드 드레싱 또는 올리브유와 섞어
빵을 먹을 때 사용할 수 있습니다.

남은 와인으로 각질제거 하기

화장솜이나 거즈에 와인을 듬뿍 묻힌 다음
각질을 제거할 부위에 붙혀 스며들게 합니다.
잠시 후 와인을 묻힌 후 짜낸 화장솜으로
다시 한 번 닦은 후 물로 헹굽니다.

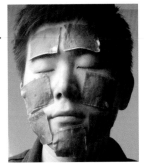

남은 와인으로 기름때 제거하기

와인의 타닌 성분은
기름때를 흡착하는 역할을 합니다.
남은 와인을 행주에 적셔
가스레인지 등 기름때가 잘 끼는 부분을 닦습니다.

34 와인은 궁합이 맞는 음식이 있어요

와인과 음식이 서로 잘 어울리는 궁합이 있습니다.
이를 마리아주라고 합니다. 와인과 음식의 마리아주를 잘 맞추면
보다 즐겁고 맛있는 식사 시간을 즐길 수 있습니다.

마리아주

불어로 결혼이라는 뜻을 가진 마리아주Mariage는
술과 음식의 궁합을 말합니다.
그 중에서도 와인과 요리의 궁합을
흔히 마리아주라고 합니다.

레드 와인 마리아주

일반적으로 육류나 레드 소스로 만들어진 요리를 함께 먹습니다.
부드러운 육류의 경우 피노 누아나 메를로 포도품종이 좋고
거친 육류의 경우 까베르네 쇼비뇽이나 시라 포도품종으로
만든 와인이 좋습니다.
해산물 중에서도 레드 소스를 이용하면
피노 누아나 메를로 포도품종으로 만든 와인을
함께 마셔도 좋습니다.

화이트 와인 마리아주

일반적으로 해산물이나
화이트 소스로 만들어진 요리를 함께 먹습니다.
화이트 소스로 만든 해산물 요리는
샤도네이나 리슬링 포도품종으로 만든
와인과 잘 어울립니다.
드라이한 화이트 와인은
고등어나 연어 등 생선의
느끼한 맛을 없애줍니다.

35 와인전문가를
소믈리에라고 해요

와인을 전문적으로 서비스하는 사람을 소믈리에라고 합니다.
소믈리에는 레스토랑이나 호텔 등에서 고객들이 와인을 고를 때 도움을 주는 역할을 합니다.

소믈리에 Sommelier

소믈리에는 영어로 와인캡틴wine captain이나
와인웨이터wine waiter라고 부르기도 합니다.
가정이나 행사 등에서 식사와 먹거리를 담당하던
사람이 18세기 말 유럽 등지에서 호텔이나
레스토랑 등에서 일을 하면서
지금의 소믈리에라는 직업이 정착되었습니다.

2010년 세계 소믈리에 우승자 Gerard Basset

소믈리에 업무

레스토랑의 음식과 잘 어울리는
와인에 대한 지식을 갖추고
고객이 원하는 와인을 추천해 줍니다.

고객이 이해하기 쉽도록
와인 리스트를 작성하고 주요 고객층을 고려하여
와인을 선별할 수 있어야 합니다.
와인의 종류는 상당히 많기 때문에
와인을 좋아하고 꾸준히 공부하는 자세를
지녀야 합니다.

소믈리에 복장은 검정 상하의를 입고
안에는 흰색 와이셔츠와 조끼를 착용합니다.
넥타이를 매고 앞치마를 두르며
조끼 주머니에는 와인병을 따는 와인 스크류와
성냥을 넣어둡니다.
와인을 시음할 때 사용하는
타스트뱅Tastevin이라는 잔을 목에 겁니다.

타스트뱅

 국제소믈리에협회 ASI http://www.sommellerie-internationale.com

전 세계적인 와인 전문 공인 기관으로 전문적인 소믈리에를 양성하고 세계 최정상 소믈리에를 선발
하는 경기 조직을 갖추고 3년마다 소믈리에 선발 대회를 개최하고 있습니다.

 한국국제소믈리에협회 KISA http://www.winekisa.com

국제소믈리에협회의 한국을 대표하는 비영리협회로 한국의 소믈리에 자질 향상과 와인에 관한 전문
지식을 보급하고 있습니다.

Alto Almanzora Este Tinto

알토 알만조라 에스떼 띤또

'에스떼'는 라벨에 임신한 조랑말이 그려져 있어 다산, 풍요, 번영의 의미를 담고 있습니다.

'에스떼'는 짧은 시간 안에 여러 와인 평론가들로부터 최고의 와인이라는 찬사를 받았습니다. 6가지 품종을 블랜딩하여 레드 와인을 만든 것에 대해 로버트 파커는 2005년부터 4년 동안 90점을 수여할 정도로 그 맛을 인정하고 있습니다.

레드 와인은 보랏빛이 감도는 붉은색을 띠며 다양한 과일의 향을 느낄 수 있습니다. 화이트 와인은 푸른 빛이 감도는 노란색을 띠며 배, 사과 등의 과일 향을 느낄 수 있습니다.

Information

종　　　류	레드 와인, 화이트 와인
당　　　도	드라이 와인
생 산 국	스페인 Spain
생 산 지	Andalusia
품　　　종	레드 : 모나스트렐, 템프라니요, 가르나차, 까베르네 쇼비뇽 시라, 메를로 / 화이트 : 마카베오
용　　　량	750ml
알코올도수	레드 : 14 % / 화이트 : 13 %

하루 한 잔의 와인은 건강에 도움이 돼요

와인은 편안하고 행복감을 안겨주는 매력뿐만 아니라 알맞게 마시면 즐거움과 생동감을
주고 긴장을 이완시켜주고 식욕을 자극하는 역할을 합니다.

레드 와인에 들어 있는 성분

페놀 Phenol
산화현상을 방지하는 항산화 요소로 주로 포도껍질이나 포도의 씨에 있습니다.
레드 와인은 포도의 껍질과 씨를 넣고 담그기 때문에 항산화 작용을 향상시킵니다.

안토시아닌
항방사능 기능을 활성화시킵니다. 세포 분열 억제가 나타내는
세포독성을 감소시킵니다.

리스베라트롤 Resveratroll
LDL의 산화를 방지하고 혈소판 응집을 억제하는 효과가 있습니다.

화이트 와인에 들어 있는 성분

칼륨, 칼슘, 마그네슘 등
미네랄을 다량 함유하고 있으며 이뇨작용에 좋습니다.

항균 성분
대장균, 살모넬라균에 대한 항균력이 높습니다.

와인 예찬 어록

미국 3대 대통령 토마스 제퍼슨
"와인은 오랜 습관으로 나의 건강에
필수품이다."

살바도르 달리
"와인을 마시는 것은 그냥 술을 마시는
것이 아니라 언제나 새로운 비밀을
발견해 나가는 것이다."

극지 탐험가 폴 에밀 빅토르
"지구는 물이 필요하다. 당신이 마시는 와인이
마실 물을 보존해 주는 것에 감사하라."

바이런
"와인은 슬픈 사람을 기쁘게 하고,
오래된 것을 새롭게 하고, 싱싱한 영감을 주며,
일의 피곤함을 잊게 한다."

벤자민 프랭클린
"와인은 일상의 생활을 편하게 하고, 침착하게 하고,
긴장하지 않게 하고, 인내를 준다."

가족 모임 땐
어떤 와인이 좋을까요

뜻깊은 날 가족과 함께 즐길 수 있는 와인들에 대해서 알아보겠습니다.

산타헬레나 레세르바 까르메네르
Santa Helena Reserva Carmenere

짙은 자줏빛을 띠며 입안에서
타닌을 느낄 수 있고 목 넘김이 부드럽습니다.
가족 모임 때 식탁에 자주 오르는
불고기, 떡갈비, 양념갈비,
제육볶음 등의 한식과 잘 어울립니다.

종 류 | 레드 와인
당 도 | 드라이 와인
생산국 | 칠레
품 종 | 까르메네르 100%

프란시스 코폴라
다이아몬드 시리즈 블랙 라벨 클라렛
Francis Coppola Diamond Series Black Label Claret

영화 감독인 프란시스 포드 코폴라가
가족들과 함께 마실 수 있는 와인을
만들고 싶어 포도밭을 구입했답니다.
달콤한 향이 나고, 잔에 따르고
30분 정도 뒤에 마시면
빵 구운 맛과 매운 맛이 납니다.

종 류 | 레드 와인
당 도 | 드라이 와인
생산국 | 미국
품 종 | 까베르네 쇼비뇽 90%, 메를로 6%, 까베르네 프랑 4%

쉐이퍼 Shafer

과일향이 강한 와인으로 타닌의 매력을
느낄 수 있습니다. 쉐이퍼는 아버지와 아들이
함께 만든 와인으로 전문가들로부터 많은
호평을 받은 와인입니다.
유기농법으로 포도를 재배하고 있답니다.

종 류 | 레드 와인
당 도 | 드라이 와인
생산국 | 미국
품 종 | 까베르네 쇼비뇽, 메를로, 까베르네 프랑

38 거래처에 선물할 때 어떤 와인이 좋을까요

거래처 또는 지인분들에게 뜻깊은 선물로 적합한 와인들에 대해서 알아보겠습니다.

발디비에소
싱글 빈야드 까베르네 쇼비뇽
Valdivieso, Single Vineyard Cabernet Sauvignon Reserve

짙고 강한 빨간색을 띠는 와인으로
잘 익은 블랙베리, 계피, 커피향 등을
느낄 수 있습니다.
와인의 이름에 '승리의 V'가 두 번 들어가
있어 '성공을 부르는 와인'으로 유명합니다.

종 류 | 레드 와인
당 도 | 드라이 와인
생산국 | 칠레
품 종 | 까베르네 쇼비뇽 100%

 이런 사람, 이런 와인

• 와인 초보자나 부드러운 맛을 선호하는 사람이라면 메를로 포도품종을, 강한 맛을 선호하는 사람
  이라면 까베르네 쇼비뇽 포도품종을 선물하세요.
• 직장 상사 또는 고마움을 전해야 할 사람이라면 오랫동안 보관할 수 있는 와인을 선물하세요.
• 반주를 즐겨하는 사람이라면 산뜻한 드라이 화이트 와인을 선물하세요.

앙리오 브뤼 빈티지

Henriot Brut Vintage

상파뉴 앙리오가 네덜란드의 왕으로부터
특별한 사랑을 받은 와인인데
완벽한 해에만 만들 수 있기 때문에
노블레스를 위한 샴페인이라고 불리고 있습니다.
효모 특유의 향을 느낄 수 있습니다.

종　류ㅣ스파클링 와인
당　도ㅣ드라이 와인
생산국ㅣ프랑스
품　종ㅣ피노 누아 53%, 샤도네이 47%

카네파 피니시모 까베르네 쇼비뇽

Canepa Finisimo Cabernet Sauvignon

'Finisimo'는 '최고'라는 뜻으로,
업계 최고를 지향하는 분들께
선물하기 좋은 와인입니다.
고급스러운 자주색을 띠며
온갖 과일의 향을 느낄 수 있습니다.

종　류ㅣ레드 와인
당　도ㅣ드라이 와인
생산국ㅣ칠레
품　종ㅣ까베르네 쇼비뇽 100%

39 생일엔 어떤
와인이 좋을까요

생일은 여러 사람이 모여 축하하는 자리인 만큼 무병장수를 기원하거나 탄생의 축배를 들기도
합니다. 축하의 자리에 어울리는 자리에 어울리는 와인에 대해 알아보겠습니다.

콜럼비아 크레스트
그랜드 이스테이트 까베르네 쇼비뇽
Columbia Crest Grand Estates Cabernet Sauvignon

'KBS 생로병사' 프로를 통해 유명해진
와인입니다. 어르신들의 생신에 건강 기원을
담아 선물하기 좋습니다.
와인병이 어둡고 진한 자줏빛을 띠며
검은 체리와 블루베리,
모카의 향을 느낄 수 있습니다.

종　류 | 레드 와인
당　도 | 드라이 와인
생산국 | 미국
품　종 | 까베르네 쇼비뇽Cabernet Sauvignon 100%

자르데또 프로세코
Zardetto Prosecco

크리스탈처럼 맑은 빛이 감돌면서
끊임없이 올라오는 하얀 거품이
생일 축하 파티에 빠져선 안 될
스파클링 와인입니다.
부드러운 맛은 식사 전에도
즐거움을 선사할 수 있습니다.

종　류 | 스파클링 와인
당　도 | 드라이 와인
생산국 | 이탈리아
품　종 | 프로세코 95%, 샤도네이 5%

몬테스 알파 메를로
Montes Alpha Merlot

천사의 보호를 기원한다는
의미를 부여하여 인생의 중요한
순간에 선물하면 좋은 와인입니다.
진한 빨간색을 띠며
강한 과일 향과 후추, 담배 향을
느낄 수 있습니다.

종　류 | 레드 와인
당　도 | 드라이 와인
생산국 | 칠레
품　종 | 메를로 85%, 까르메네르 15%

40 이성 친구와 기념일엔 어떤 와인이 좋을까요

연인에게 바치는 이벤트에서 빠질 수 없는 것이 바로 와인입니다. 내 마음도 전달하고 멋있어 보일 수도 있고 맛도 있는 와인은 어떤 것이 있는지 알아보겠습니다.

파니엔테 샤도네이
Far Niente Chardonnay

장동건, 고소영의 결혼식에
사용돼 화제가 된 와인으로
아름다운 라벨은 '아무 걱정 없이'라는 의미
를 담고 있습니다.
열대 과일향이 풍부한 이 와인은
시간이 흐를수록 바디감이
깊어져 부부의 일생과 닮았습니다.

종 류 | 화이트 와인
당 도 | 드라이 와인
생산국 | 미국
품 종 | 샤도네이 100%

울프 블라스
레드 라벨 쉬라즈 까베르네
Wolf Blass, Red Label Shiraz Cabernet

검붉은 색을 띠는 와인으로
과일, 후추, 바닐라 등의 향을
느낄 수 있습니다.
"붉게 타오르는 나의 마음을
받아주세요"란 의미를 지니고 있어
사랑을 고백할 때 좋습니다.

종 류 | 레드 와인
당 도 | 드라이 와인
생산국 | 호주
품 종 | 쉬라즈, 까베르네 쇼비뇽

휘겔 에 피스 정띠
Hugel & Fils Gentil

'gentil'는 '친절한'이란 뜻으로,
'친절한 나의 연인에게'란 의미를 담고
있습니다. 100% 손으로 수확하고
포도송이 채 4시간을 서서히 압착하기
때문에 블랜딩된 포도품종의 각 특성을
잘 느낄 수 있는 편안한 와인입니다.

종 류 | 화이트 와인
당 도 | 미디엄드라이 와인
생산국 | 프랑스
품 종 | 피노 그리, 리슬링, 게뷔르츠트라미너,
          뮈스까, 실바너

빈 Vin
프랑스어로 와인을 일컫는 말입니다.

코르크 Cork
와인병 마개로 사용되는 탄력이 뛰어난 재료입니다.

코르크 차지 Cork Charge
보관하고 있는 와인을 레스토랑 또는 와인 바에 들고 가서 마실 경우,
서빙 받는 조건으로 와인가격의 일부 혹은 병당 내는 일정 금액입니다.

까브 cave
지하에 설치되어 있는 와인 저장고를 말합니다.

셀러 Cellar
불어로는 까브Cave라고 하며, 발효가 끝난 와인을 숙성시키기 위해 보통 지하에 만든 장소를 말합니다. 와인을 보관하는 냉장고를 셀러라고도 합니다.

그랑크뤼 Grand Cru
프랑스적인 개념으로 일정 지역이나 A.O.C. 안에서 생산되는 최고급 와인의 품질을 구분하기 위한 순위 등급으로 각 지역마다 등급 규정이 조금씩 다릅니다.

크뤼 Cru
재배 또는 포도원을 뜻하는 프랑스어로 유명한 프랑스의 와인이나 와인생산지를 분류할 때 사용됩니다.

매그넘 Magnum
750㎖ 짜리 일반 와인 병보다 두 배 큰 와인 병입니다.

디켄팅 Decanting
병에 있는 와인을 마시기 전 침전물을 없애거나 공기와 접촉을 충분히 시키기 위해 깨끗한 용기(디켄터)에 와인을 옮겨 따르는 행위입니다.

떼루아르 Terroir
프랑스어로 포도를 재배하기 위한 제반 자연조건을 총칭하는 말입니다. 토양, 포도품종, 기후 등이 떼루아르를 구성하는 주요 요인입니다.

샤또 chateau
프랑스어로 성이란 뜻인데 와인에서 말하는 샤또는 '포도원'이란 의미를 담고 있습니다. 포도나무 재배부터 와인 병입까지 한 포도원에서 작업한 경우 라벨에 샤또라는 단어를 사용할 수 있습니다. 샤또는 주로 프랑스의 보르도 지역에서 많이 사용하고, 부르고뉴 지역에서는 도메인Domaine을 사용합니다.

바디 Body
맛의 진한 정도와 농도, 혹은 질감의 정도를 표현하는 와인 용어입니다. 바디가 있는 와인은 알코올이나 당분이 더 많은 편입니다.

밸런스 Balance
와인을 평가할 때 사용되는 용어입니다. 산도, 당분, 타닌, 알코올도수와 향이 좋은 조화를 이루는 맛을 느낄 때 밸런스가 있다고 말합니다.

아로마 Aroma
포도품종에서 형성되는 특유의 향과 발효 과정 시 생성되는 채소 꽃향입니다.

부케 Bouquet
주로 와인 숙성과정에 의해 생기는 와인의 복합적인 향기입니다.

빈티지 Vintage
와인을 제조하기 위해 포도를 수확한 연도를 말합니다. 기후 조건이 매년 다르기 때문에 빈티지에 따라 포도의 품질도 달라집니다.

소믈리에 Sommelier
와인이 있는 레스토랑 또는 와인 바에서 와인을 관리하고 서빙 하는 전문 웨이터입니다.

테이블 와인 Table Wine
원래는 14% 미만의 알코올도수를 함유한 모든 와인들을 총칭하는 것으로 식사 도중에 즐길 수 있는 와인을 일컫습니다. 일반적으로 저렴하고 가볍게 즐길 수 있는 하우스 와인의 의미로 쓰입니다.

아오쎄 AOC
Appellation d'origine controlee의 약어로, 프랑스의 원산지명 표시체제입니다.

디오씨 DOC
이탈리아의 와인등급으로 프랑스의 AOC와 비슷한 구조를 갖고 있습니다. 낮은 단계부터 Vino de Tavola → IGT(Indicazione di Geografica Tipica) → DOC(Denominazione di Origine Controllata) → DOCG입니다.

블라인드 테이스팅 Blind tasting
어떤 와인인지 라벨을 가린 상태에서 와인을 시음하고 평가하는 테스트입니다. 와인은 병 모양으로도 구분이 가능하기 때문에 블라인드 테이스팅 용 와인은 병목까지 종이나 자루로 가리기도 합니다.

브리딩 breathing
와인이 공기와 접촉하는 상태를 의미합니다. 와인은 브리딩을 통해 향을 보다 풍부하게 냅니다.

오드비 eau-de-vie
프랑스어로 브랜디라는 뜻으로 포도를 압착한 후 나머지를 증류해 무색을 띱니다.

꼬달리 caudalie
와인을 삼키거나 뱉어낸 후에도 와인의 맛이나 향이 남아 있는 시간을 측정하는 단위입니다. 꼬달리는 1초를 의미합니다.

여운 finish
와인을 마신 뒤 느끼는 즐거움을 가리킵니다. 와인의 맛은 와인을 마신 후 입과 목 부분에 남는 맛과 향의 시간으로 평가할 수 있는데, 좋은 와인일수록 여운이 길다고 합니다.

드라이 Dry
와인 맛을 표현할 때 단 맛이 없는 느낌을 뜻합니다. 스위트의 반대 표현입니다.

스위트 Sweet
와인의 단맛을 표현하는 말입니다. 드라이의 반대 표현입니다.

네고시앙 Negociant
프랑스어로 와인상인, 와인중개인, 와인을 사거나 파는 해운업자를 말합니다. 부르고뉴 와인은 네고시앙이 양조한 와인이기 때문에 라벨에 도매상의 이름을 넣는 것을 중요하게 생각합니다.

오크 Oak
와인을 숙성하거나 보관할 때 사용하는 배럴을 만드는 나무의 종류입니다. 오크 통에서 숙성된 와인은 타닌과 바닐라 향을 느낄 수 있습니다.

리저브 reserve/ reserva/ riserva

와인을 만들 때 가장 좋은 포도밭에서 재배된 포도거나 좋은 빈티지의 포도, 평균 숙성 기간보다 더 오래 숙성시켰다는 의미를 갖고 있습니다. 그래서 다른 와인에 비해 높은 가격으로 유통이 되고 있습니다. 미국이나 프랑스에서는 법적 규제가 없지만 이탈리아나 스페인에서는 법적 효력이 있습니다.

타닌 tannic, tannin

포도의 껍질이나 씨, 줄기 등에 자연적으로 들어있는 물질을 말합니다. 레드 와인은 포도의 껍질과 씨를 함께 넣고 발효하기 때문에 타닌의 함유량이 많습니다. 타닌은 해독작용, 살균작용, 지혈작용, 소염작용을 합니다.

누보 nouveau

누보는 수확한 해부터 마시는 와인으로 보졸레 누보가 널리 알려져 있습니다. 보졸레 누보는 프랑스 부르고뉴 주의 보졸레 지방에서 매년 그해 9월에 수확한 포도를 11월 말까지 숙성시킨 뒤, 11월 셋째 주 목요일부터 출시하는 와인의 상품명입니다.

브랜드 콘셉트 / 네이밍 / 메뉴 콘셉트

"맛있게 드십시오!" 라는 뜻으로 레스토랑에서 일상용어로
사용되는 "보나베띠(BONAPPETIT)"를 브랜드명으로 하는
이곳. 감도는 향기, 매혹적인 칼라, 달콤한 미각을 내세우며 와인
속에 담겨있는 깊은 문화와 정겨운 행복세상을 펼쳐가는
와인비스트로 "보나베띠 포스코점"을 소개한다. 와인과 비즈니스,
식사와 커피, 친목 도모와 인적교류 등의 다양한 점포기능을 한
곳에서 해결할 수 있게 만든 시스템은 보나베띠의 장점이다.

메뉴가 한정되어 있거나 단품목으로 점포운영을 하면 경기변동과
환경에 민감할 수밖에 없고 그것은 곧 매출과 직결되는 문제인데,
보나베띠의 다기능 점포기능은 호황기에는 수익이 더욱 공고화되고
다양한 매출 전략을 구사할 수 있다. 식자재 또한 브로컬리, 아스파라거스,
치즈, 토마토 등 세계적인 건강 식자재를 사용하며 칼로리 메뉴판을
비치하여 보다 깊게 건강에 대한 정보도 오픈하였다. 와인하면 생각나는
것은 소믈리에일 것이다.

보나베띠는 와인 자동인식기의 개발로 소믈리에 기능을 대체할 수 있도록
하여 전문인력에 대한 인건비 비중을 최대로 줄였고, 메뉴 추천과 재료의
내용, 맛의 특성을 상세히 제공할 수 있게 메뉴의 전자화를 하여 직원
누구나가 훌륭한 서비스 제공자가 되게 하였다.

www.5wine.net 보나베띠 가맹문의 02) 516-6282

4년 연속 로버트 파커 90점!
블랜딩의 고정관념을 깬 와인

알토 알만조라 에스떼 띤또
Alto Almanzora Este Tinto

6가지 품종이 블랜딩 된 와인으로 오픈 후 한 시간쯤이 지나면서부터 여섯가지 품종의 특징과 향이 서서히 나타나기 시작한다. 시간이 지날수록 바디감이 생겨 향긋하면서도 파워풀한 와인이 된다. 스모키 아로마와 블루베리, 블랙베리 향이 지배적이며 체다 향도 서서히 나타난다. 한 시간이 지나면서부터 풍성한 체리 등 붉은 과실류의 향이 나타나며 오크 숙성에서 얻어지는 바닐라 향으로 고급스러운 끝맛을 나타낸다. 처음의 맛과 한 시간 후의 맛과 향의 다양성에 놀라게 되는 와인이다.

생 산 자 : Bodegas Alto Almanzora
생산지역 : Valle de Almanzora
포도품종 : Monastrell 47%, Syrah 12%
　　　　　Tempranillo 23%, Merlot 6%
　　　　　Cab/Sauv 6%, Garnacha 6%
알콜도수 : 14%
빈 티 지 : 2008
숙　　성 : 6개월 프랑스&미국 오크 숙성

회사명　케이제이무역(주)
주소 서울시 송파구 오금동 81-5 삼보빌딩 B1
전화번호 02-404-0226　팩스번호　02-404-0229